在一起

[英]卢克·亚当·霍克 图　[英]玛丽安·莱德洛 文

孟永文 译

北京联合出版公司

Beijing United Publishing Co.,Ltd.

图书在版编目（CIP）数据

在一起 / (英) 卢克·亚当·霍克图 ; (英) 玛丽安·莱德洛文 ; 孟永文译. -- 北京 : 北京联合出版公司, 2022.7

ISBN 978-7-5596-6163-0

Ⅰ.①在… Ⅱ.①卢… ②玛… ③孟… Ⅲ.①人生哲学—通俗读物 Ⅳ.①B821-49

中国版本图书馆CIP数据核字(2022)第068150号

本书中文简体版权归属于银杏树下(北京)图书有限责任公司

北京市版权局著作权合同登记 图字：01-2022-2018

在一起

著　者：［英］卢克·亚当·霍克 图　［英］玛丽安·莱德洛 文
译　者：孟永文
出 品 人：赵红仕
选题策划：银杏树下
出版统筹：吴兴元
编辑统筹：郝明慧
特约编辑：刘叶茹
责任编辑：龚　将
营销推广：ONEBOOK
装帧制造：墨白空间·张静涵

北京联合出版公司出版
（北京市西城区德外大街 83 号楼 9 层　100088）
后浪出版咨询（北京）有限责任公司发行
雅迪云印（天津）科技有限公司　新华书店经销
字数 22 千字　787 毫米 × 1092 毫米　1/16　4 印张
2022 年 7 月第 1 版　2022 年 7 月第 1 次印刷
ISBN 978-7-5596-6163-0
定价：68.00 元

谨以此书献给我的祖父

布赖恩·鲁珀特·朱厄尔（Brian Rupert Jewell）：

我永远的灵感、希望和幸福源泉。

人生就像一台持续运转的机器，

一刻也不肯停歇。

时钟嘀嗒作响，

提醒着我们去追逐一个又一个目标。

我们甚至没有时间去思考，
繁忙的日常如同洪流一样裹挟着我们前行。

我们匆匆度过一天又一天，
却已看不清生活本来的样子。

但，我总会想起那年的暴风雨，
一种不安的情绪在我们心中蔓延。

街道上的人群变得越来越少。

远处的天空出现滚滚黑云，

我们看着它不断聚拢、逼近，心中不禁在问……

暴风雨什么时候会来？会持续多久？

没有人能够回答，未知让人忧心忡忡。

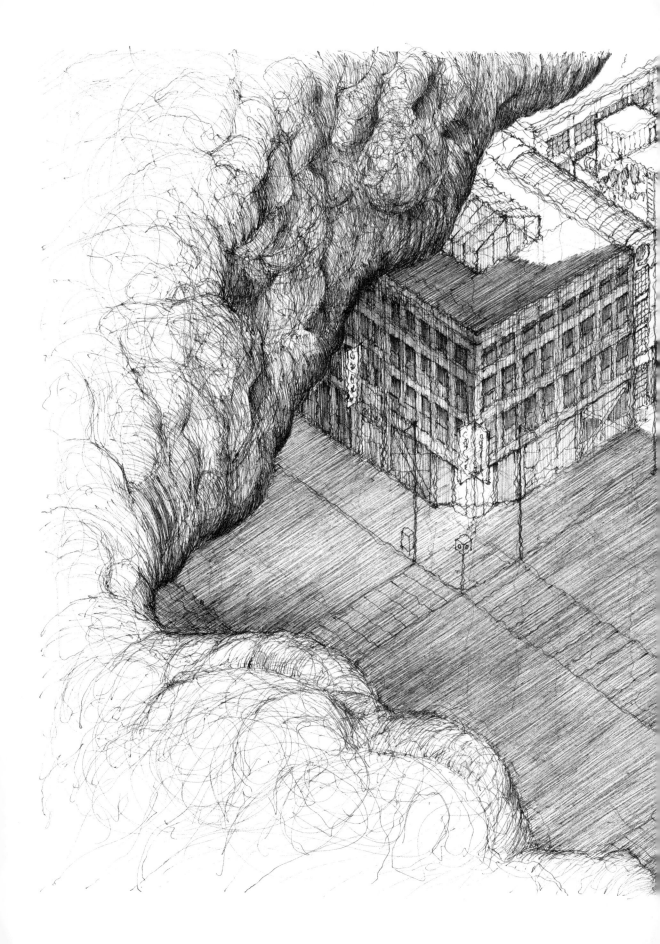

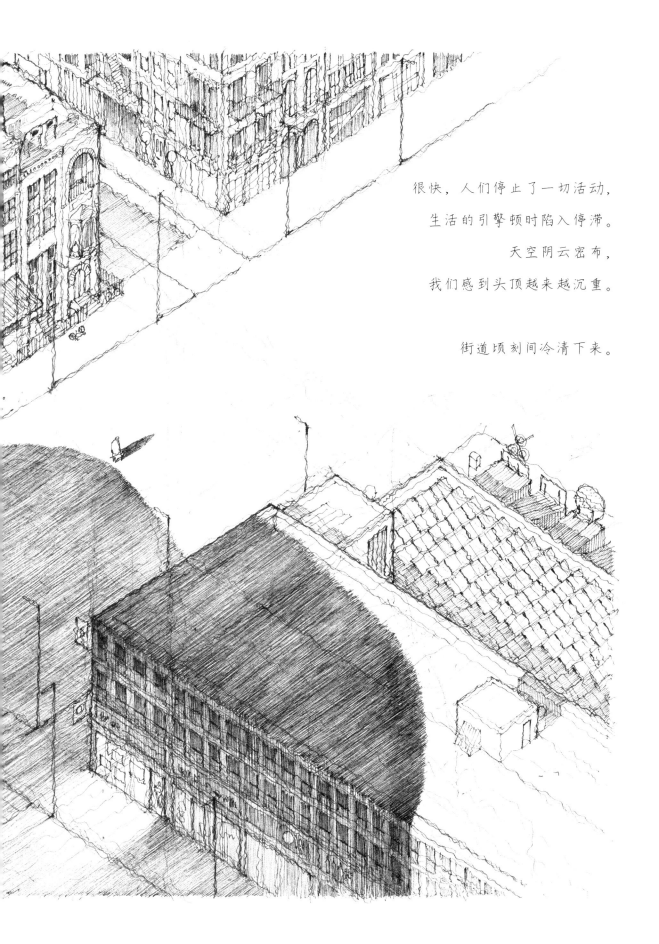

很快，人们停止了一切活动，
生活的引擎顿时陷入停滞。
天空阴云密布，
我们感到头顶越来越沉重。

街道顷刻间冷清下来。

曾经最喧嚣的地方变得鸦雀无声。

曾经最繁忙的地方变得空无一人。

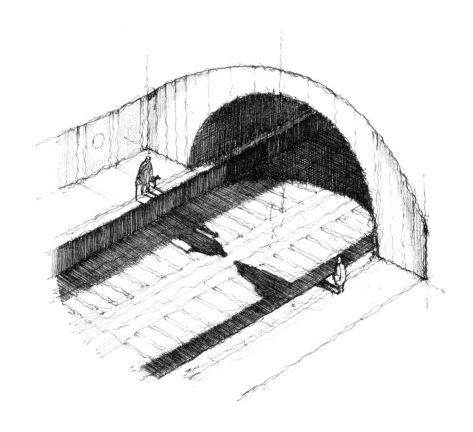

日常变得无常。

无常成了日常。

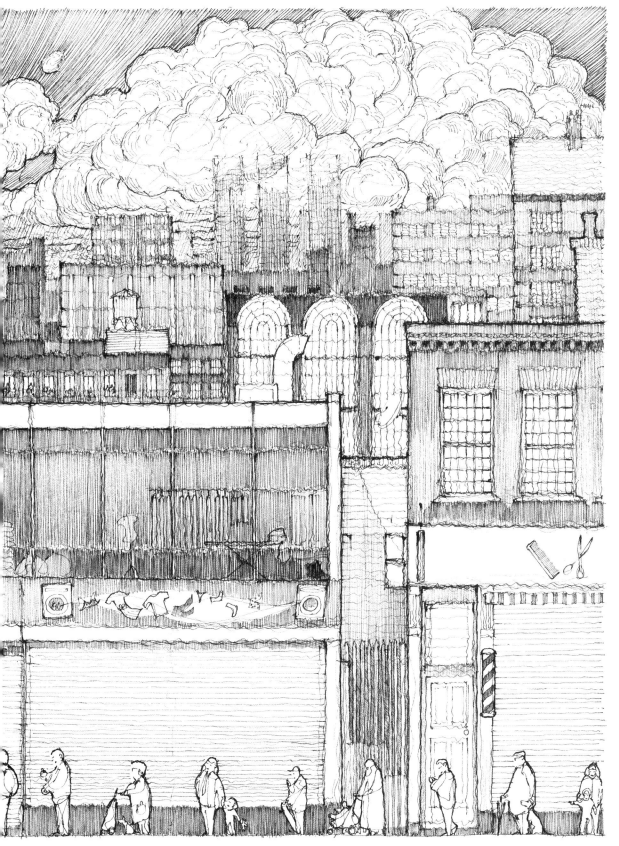

生活顿失所依。

恐惧有时很奇怪，它会蒙蔽人的双眼，

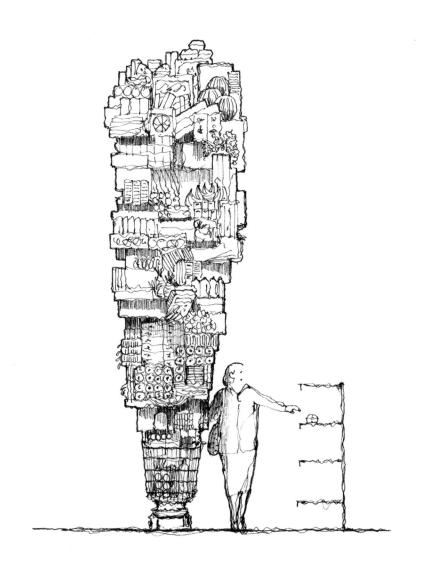

让你忘记别人也同样在恐惧。

我们躲进室内，最糟糕的时候即将来临。

几个星期过去了，

暴雨依然下个不停，

看样子永远不会停止。

英雄们站了出来，团结大家，舍己为人。

他们以我们无法想象的方式与暴风雨搏斗。

他们无畏的勇气，让我们自惭形秽。

他们配得上我们的掌声，以及更多……

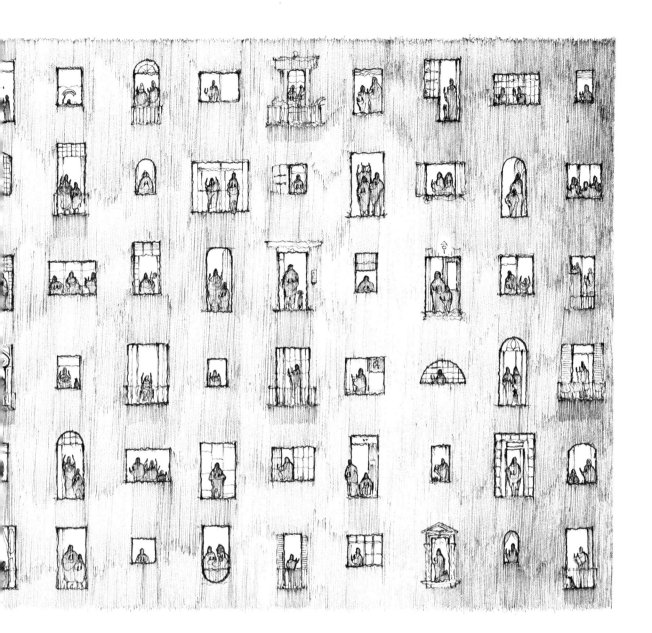

隔离的日子很难熬。

每个人心中都充满忧虑。

人与人之间突然变得十分遥远。

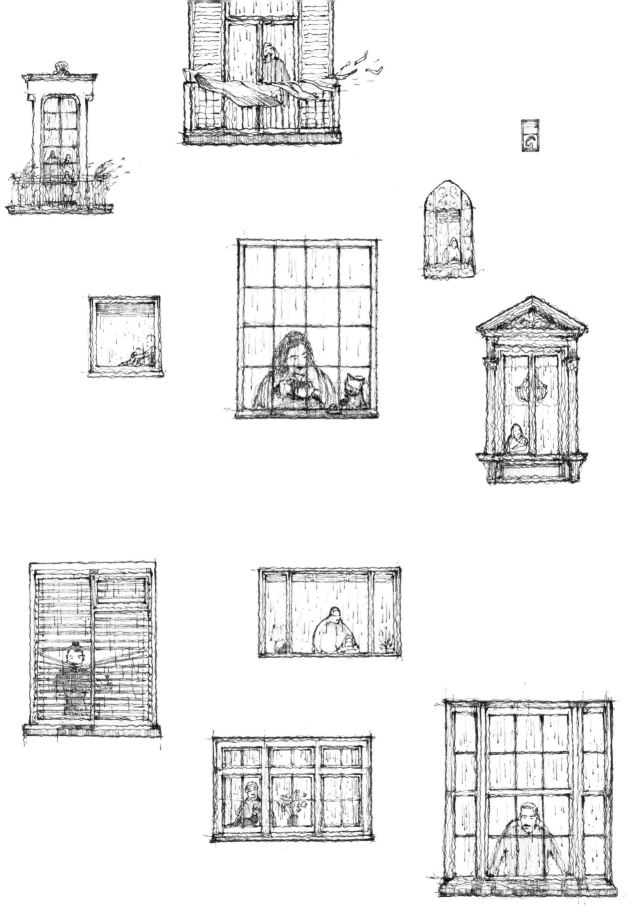

我们渐渐意识到，

距离感其实早已存在……

比如即使在人群中，我们也会感到孤独。

但独处时，我们却不一定觉得寂寞。

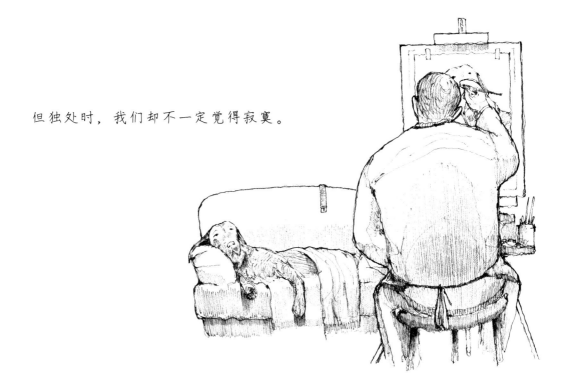

当生活空间变得狭小，
我们才得以看到更广阔的风景。

也许，人与人之间并没有我们想象中的那般不同？

我们因隔离而变得更加团结，心由于距离而靠得更加近。

我们开始认真交谈，

分享彼此的悲伤、痛苦和担忧，

仔细倾听

彼此的故事和经验。

在艰难时期，我们找回了自己最好的一面。

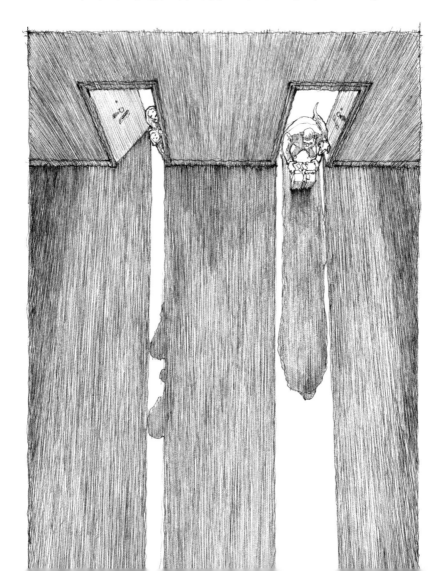

小小的举动也可能具有大大的意义。

有人发现，时间比以前更多了，

可以空出来做很多有趣的事，比如种下一颗种子，

耐心培育它，

看着它发芽、长叶、开花。

我们还找到了新的方法来保持联络。

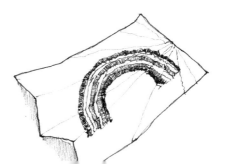

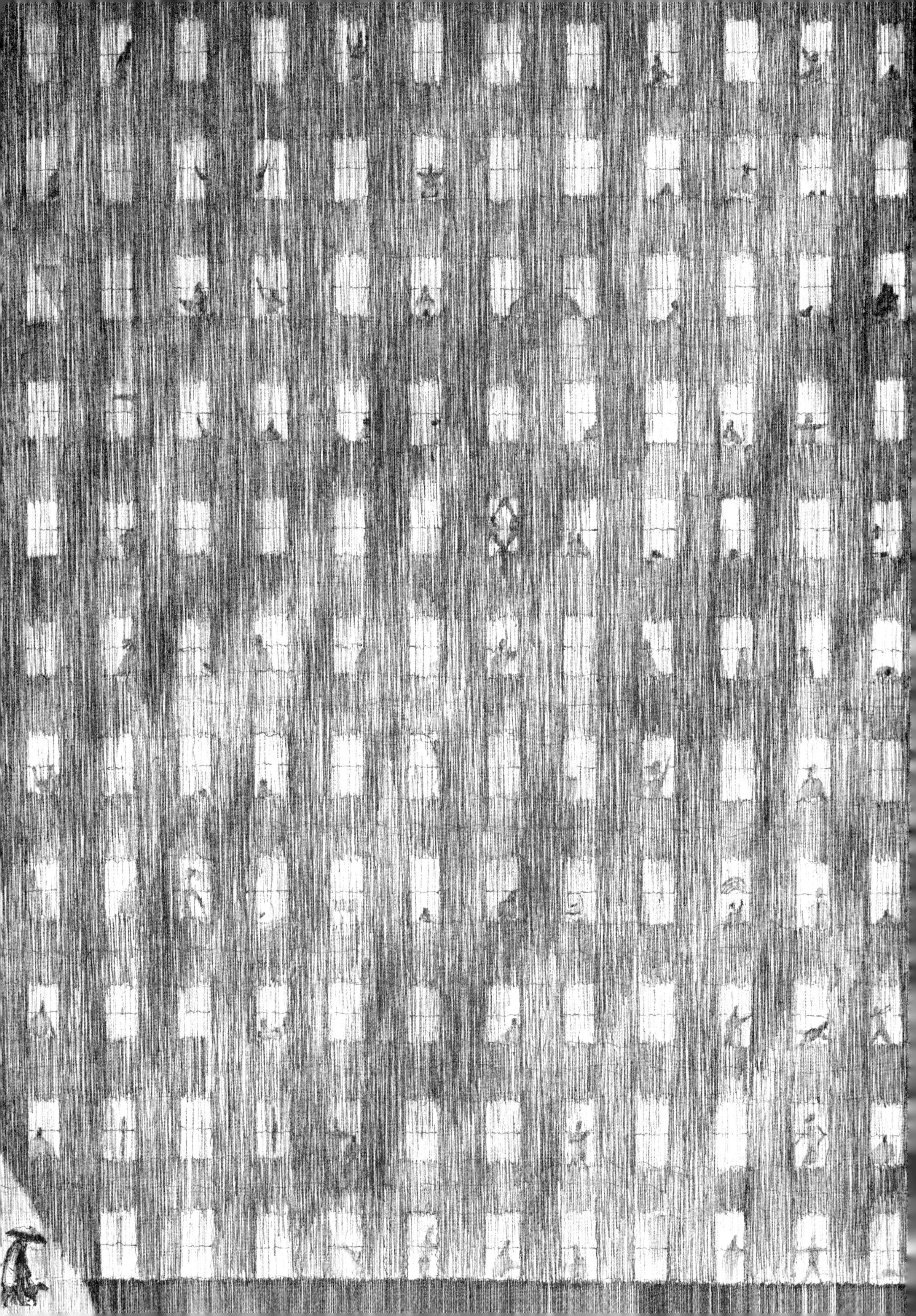

我们的家变成了舞厅、
教室、面包房……

放慢脚步后，我们才恍然大悟……

······什么是生命中真正重要的事情。

我们终于明白，

即使眼前乌云密布，

太阳依然每天东升西落，

随时准备穿破云层，

遍洒光明。

大自然总让人感到惊叹。
当看到历经数十载风雨
依旧昂然挺立的树木，
我们深受鼓舞。

只要想到那些深深扎在大地里的树根，

我们就感到特别踏实。

在不安的岁月里，四季给了我们安慰。

月亮、星星和树上的鸟儿，

都在守护着我们。

我们退后一步，大自然就赫然展现在我们眼前。

当风雨开始减弱，

云层逐渐变薄，

阳光终于透射下来时……

世界重新恢复了平静。

我们更加珍视彼此间的关系，学会了从新的角度看待世界。

现在……

我们满怀期待，展望未来。

尽管乌云可能再次聚拢，

暴风雨可能再次降临，

我们也毫不畏惧。

因为，我们已经拥有足够的勇气面对一切……

只要我们在一起。

鸣　谢

如果没有那些启发本书灵感的人、地方和故事，本书是不可能完成的。

感谢我的祖父——本书的主人公原型，很高兴对您有了新的认识。

感谢你，丽兹，你的爱、鼓励、真诚以及高超的厨艺让我的世界变得更加美好。

感谢我的狗狗罗宾，你是我主要的灵感源泉和心理健康教练，感谢你在我低落的时候陪我散步。

感谢我温馨的家庭，虽然很小但很完美。感谢妈妈、哈利、约翰、苏菲、芬利和邦普一路支持着我。尤其要感谢我的妈妈，您在我很小的时候就教我学习艺术，并在这么多年里对我那些如今看来不乏瑕疵的画作给予无限赞扬。

感谢玛丽安·莱德洛（Marianne Laidlaw）为我的绘画撰写了最好的文字，有了你的信赖和欣赏，这本书才得以问世。我知道在我们创作本书的时候，你也在思念着你深爱的祖父阿诺·盖泽（Arno Geiser）。

感谢迈克·乔利（Mike Jolley）提供的设计意见和创意。

感谢 Kyle Books 团队的辛勤付出。尤其感谢弗洛伦斯·菲洛塞（Florence Filose）完美的统筹工作，以及卡罗琳·阿尔贝蒂（Caroline Alberti）高超的制作技巧。也感谢塔拉·奥沙利文（Tara O'Sullivan）的参与。

最后，要感谢多年来支持我绘画热情的所有人，无论是在网上认识的还是现实中遇到的。你们对我来说意义重大。

@ @lukeadamhawker
www.lukeadamhawker.com